我的家在中國・節日之旅②

龍舟競渡 粽飄香 端午節

檀傳寶◎主編　李敏◎編著

中華教育

你知道端午節是為了紀念哪位古人嗎？你知道端午節有哪些習俗？你知道端午節會「變臉」紀念哪位古人嗎？樣樣都能變？讓我們一起去看看它的真面目吧！

目錄

龍舟一

聞香識粽子

「粽子香，香廚房，艾草香，香滿堂，吃粽子，撒白糖。龍船下水喜洋洋。」從吃粽子到賽龍舟，從掛艾草到戴錦囊，端午節熱熱鬧鬧地走來了。

你是否聞到了一陣陣粽子香？

飄香千里的粽子

粽子的香氣遠遠地飄來，大街小巷，家家吃粽子，粽子的香氣在端午節這一天蔓延着，可謂「千里飄香」。可是，不少人並不清楚有甚麼樣的粽子、為甚麼要吃粽子、怎麼吃粽子。今天，讓我們一起來「吃」個明白。

南北朝時期，出現了雜粽，就是米中摻雜着肉、板栗、紅棗、赤豆等。當時粽子的品種繁多，還被當作交往饋贈的佳節禮品。

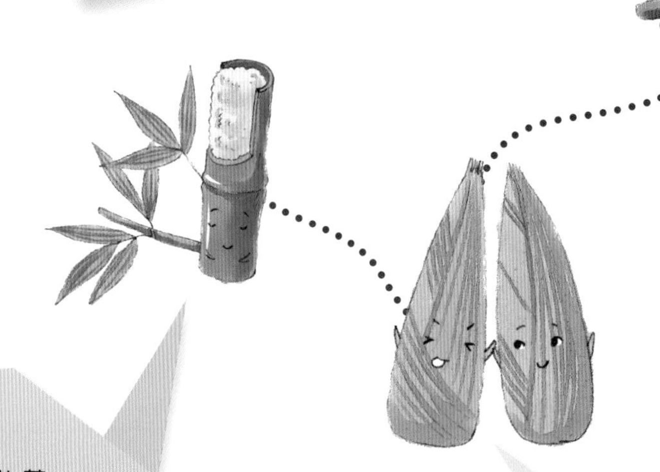

春秋時期，有兩種粽子，用菰蘆葉包黍米成牛角狀的「角黍」和用竹筒裝米密封烤熟的「筒粽」。

到了晉代，粽子被正式定為端午節食品，端午吃粽子也成為全國性風俗。

到了唐代，粽子的米「白瑩如玉」，其形狀出現錐形、菱形。粽子在當時就已經成為端午節的重要食品，食粽的習俗十分普遍。

宋代時，出現了「蜜餞粽」，就是將水果的果肉放進粽子裏。詩人蘇東坡的「時於粽裏得楊梅」的詩句，說的就是它！

元、明時期，粽子的品種更加豐富多彩，出現了用蘆葦葉包的粽子，餡料有豆沙、豬肉、松子仁、棗子、胡桃等等。

清代乾隆年間，出現了今天流行的「火腿粽子」。

舌尖上的粽子

恭喜你領到一個任務

你知道嗎？吃粽子不單是中國的習俗，外國也有吃粽子的習俗呢！作為現代粽子家族的各大代表，今天大家匯聚一堂，將討論並擬定未來粽子的發展規劃，請你先將它們對號入座。

確定

粽子說明書

1. 閩南粽子以水果粽子為主，顏色鮮豔。
2. 廣東粽子具有黏、軟、滑的特點，除了必備的粽葉和糯米外，還經常用鹹蛋黃作餡，還有五花肉、鴨肉丁、冬菇、綠豆等也是做粽子的主要材料。
3. 嘉興粽子為長方形，小巧玲瓏，有鮮肉、豆沙、八寶等餡料。
4. 北京粽子形體較小，形狀為斜四角形，主料為黃米加上小紅棗。
5. 湖州粽子，用醬油醃過的豬肉還有蛋黃作為內餡，粽子為鏟子頭形狀。
6. 閩南、台灣一帶粽子的內餡名目繁多，豬肉、乾貝、芋頭、蛤乾、黃豆等都會被包裹其中，營養豐富。
7. 越南粽子，用芭蕉葉包裹成正方形或圓形。
8. 柬埔寨粽子，又稱為「布袋粽」，是用一個布袋將糯米、赤豆、紅棗等一層隔一層地塞滿，然後紮緊口袋蒸熟。
9. 墨西哥粽子，又叫「達瑪爾」，原料是粗顆粒的玉米粉，加上肉片和辣椒等作餡，用玉米或香蕉的葉子包成。
10. 日本粽子，用竹葉或茅葉等將磨碎的米粉包成長圓錐形，稱之為「茅卷」。
11. 韓國粽子，又稱為「車輪餅」。它是把鮮嫩的艾葉煮後搗碎加在米粉中，再做成車輪形狀。
12. 新加坡的花汁粽子只有雞蛋大小，是用花汁將米粉染成淡綠色，再用綠葉包成多角形狀。

我對未來粽子的設想：

粽子的自白：我們是健康又美味的粽子，人類日益升級的味蕾系統給我們帶來前所未有的挑戰與機遇。瞧，我們的大宗族中，有些已經轉型為炸雞粽子、香辣蝦粽子了。親愛的朋友，你們喜歡嗎？我們的材料和做法可是大有學問的，你若希望我們兼顧健康與意義，不妨試一試自己做，讓我們更加經濟、衛生、合口味，並能烘托出更濃厚的節日氛圍與生活情趣。

「海陸空」也擺粽子宴

▲「陸地戰士」——熊貓在吃端午粽

◀「空軍特種兵」——鸚鵡在吃端午粽

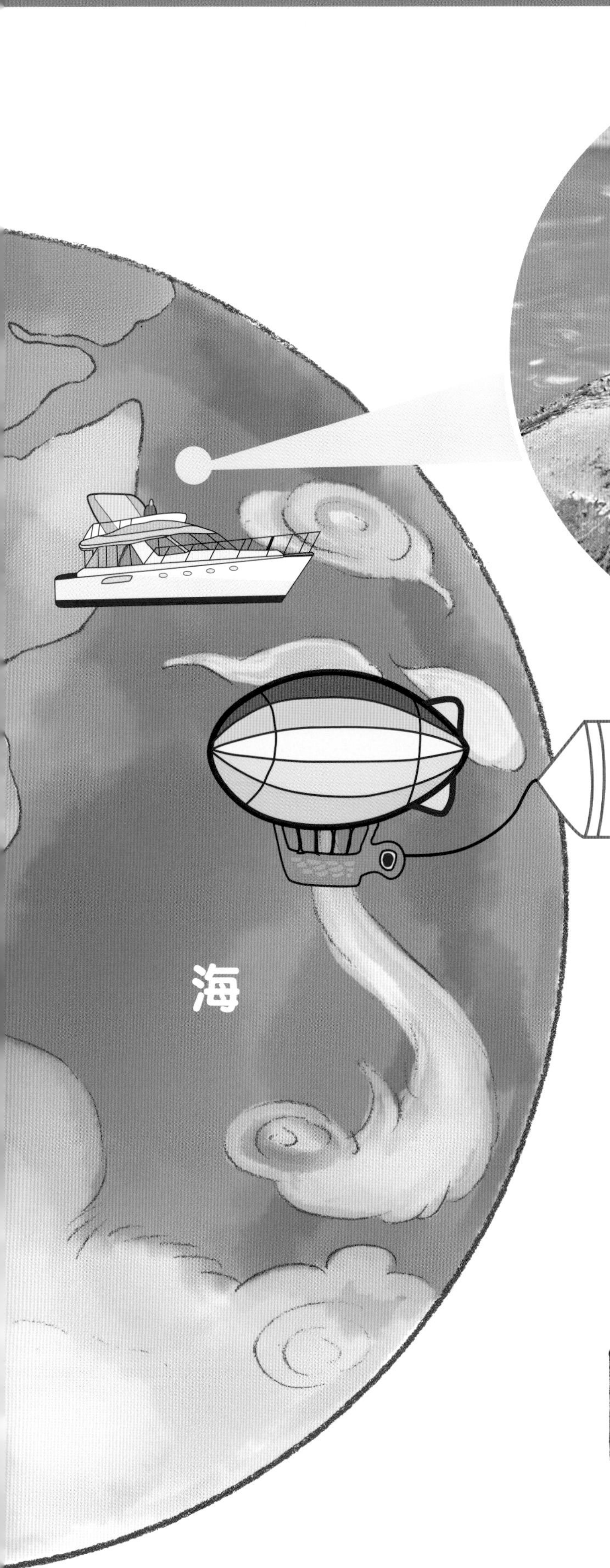

▲「水軍司令」——烏龜在吃端午粽

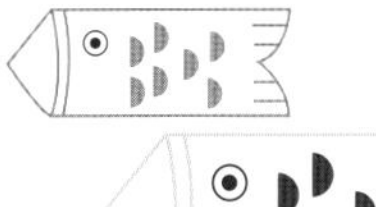

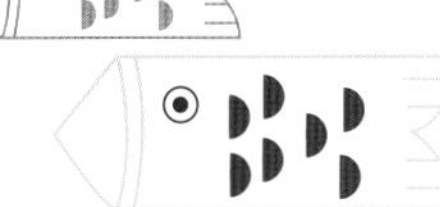

粽子也有「好搭檔」

搭配瘦肉、蔬菜，幫助腸胃蠕動；

喝點熱茶，消除滯脹感；

搭配水果，解膩、助消化；

成年人還可搭配葡萄酒，中西結合，消化好。

五彩香囊的前世今生

佩戴香囊是中國古人的習慣。

香囊香氣宜人，堪比西方的香水，尤其特別的是香囊將中國的中藥與布藝完美結合，使得醫藥的功效與審美的情趣自然融合。

五彩的香囊承載着端午節的繽紛記憶。

把健康和心願掛在門上

端午節期間，家家戶戶都打掃衞生，將艾條、菖蒲插於門楣，或者懸掛在屋中，以驅蟲邪。

艾，又名艾蒿。它的莖、葉能產生奇特芳香，可以驅逐蚊蠅、蟲蟻，淨化空氣。菖蒲是多年水生草本植物，它狹長的葉片含有揮發性芳香油，能夠提神、殺蟲滅菌。

端午懸掛艾條和菖蒲，寄託着人們祈盼家人健康的美好心願。

▲艾草和蒲草，用來掛在門上，它們並不是包粽子的粽葉。

▲用五種顏色編織的彩繩是個寶貝，男孩戴左手，女孩戴右手，據說可以驅邪避毒呢。

把快樂和祝福掛在身上

端午節大人們會給小孩佩戴香囊，拴上五彩線，傳說有辟邪驅瘟、祈福的作用。

香囊內有朱砂、雄黃、香藥，外面包以絲布，清香四溢，再用五色絲線弦扣成索，結成一串，掛在身上，非常可愛。

五彩線也叫長命縷，據說它的色彩來自中國神話傳說中「鳳凰」身上的五種顏色，所以具有祈福和祝願的吉祥含義。

「五毒」來找碴

據說，在端午節這一天，發生了一件奇怪的事情。

這天，蛇、蜈蚣、蠍子、蜘蛛、蟾蜍五種動物（被稱為「五毒」），排着隊，喊着口號，來找人類評理。

「一二一，一二一……立正，稍息。請開門！」

一位老爺爺開了門，他認得牠們幾個，笑盈盈地說：「請進！」

蠍子是「五毒」的代表，走上一步說道：「今天我們來，是有一個問題，很想了解清楚。」

「請說。」老爺爺說。

「為甚麼叫我們『五毒』？這明顯是歧視性稱號嘛！還專門設立了一個節，叫甚麼『端午節』。」蠍子說。

「就是就是，一到端午節，你們就要驅『五毒』，我們招惹你們啦？」其他幾位七嘴八舌地抗議。

「別着急，別着急，聽我說。」老爺爺笑瞇瞇地從端午節的源頭講起，「話說遠古的時候，人類居住在山岡、樹林、水邊，過着採集、漁獵的生活。那時候的生活很艱苦，經常會被毒蟲咬一口、蜇一下，那可是要命的事啊！」

「五毒」點點頭，心裏說：「那可不，我們最愛藏在石頭縫、磚頭縫裏，有誰膽敢碰一下，肯定咬他！」

不過，毒蟲的行為大都是出於自衛，老爺爺並沒有責怪的意思，「農曆五月，自然界變得生機勃勃，所以人們會在初五這一天做大掃除，將居住的地方裏裏外外都打掃乾淨，還要懸掛有防病作用的艾草、菖蒲，潑灑雄黃酒。做這些都是為了殺滅細菌，預防疾病。你們也應該理解才是嘛！」

五彩香囊迷宮

香囊的穗子纏繞在一起打結了。以穗子的線為路徑，請分別選擇一個香囊出發，沿穗子的路徑走到末端，每個末端都有驚喜等着你！

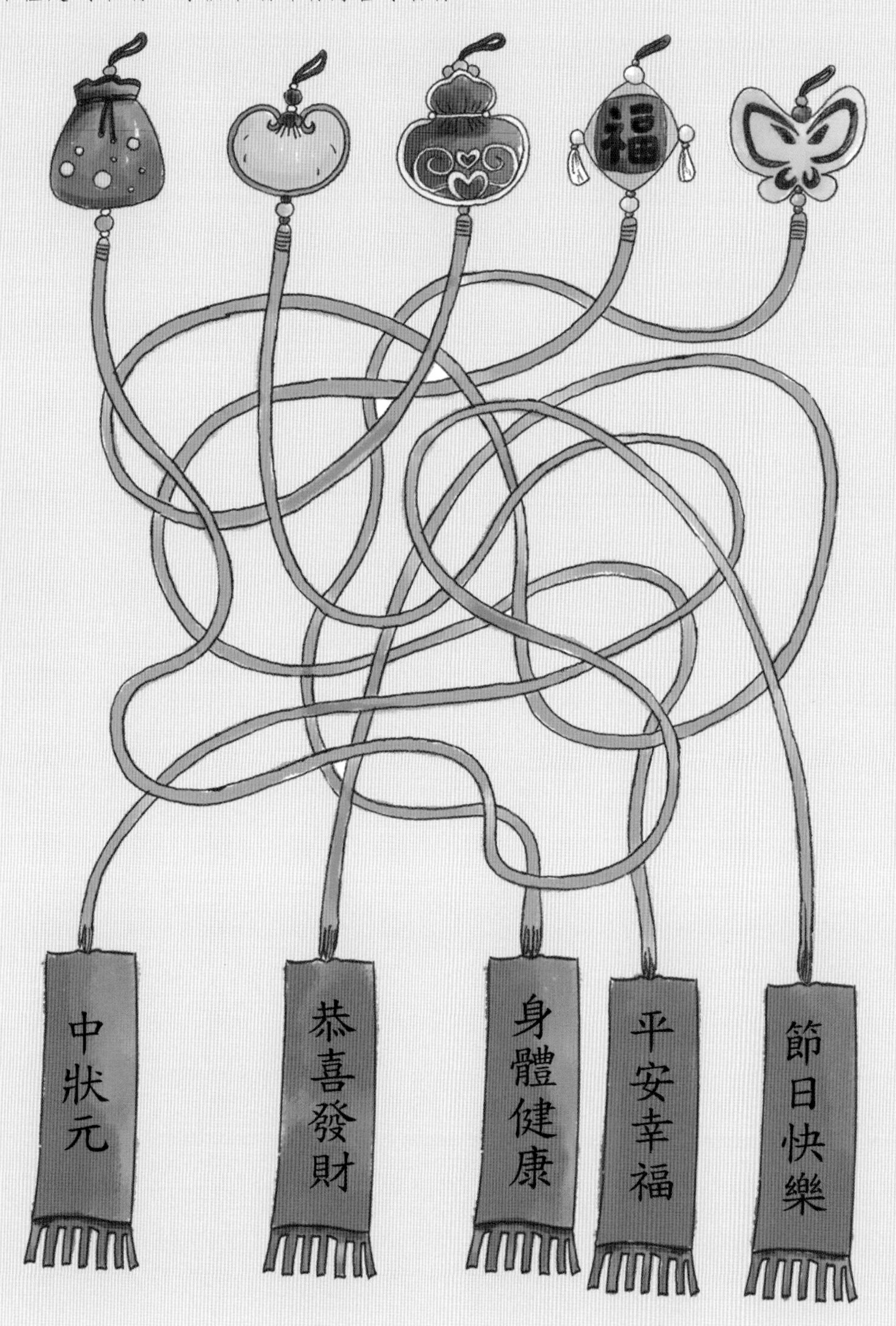

龍舟二

端午風俗多

「這兒端陽，那兒端陽，處處都端陽。」每到端午節（也稱作端陽節），人們總是首先想起粽子。

仔細想想，端午節除了能聞到粽子香和艾草香之外，難道就真的沒有其他內容了嗎？難怪常有人感歎：「瞧，端午節變成了粽子節！」

粽子找朋友

每個人都需要朋友。粽子也需要好朋友，和它一起承擔和分享。粽子想找的朋友在哪裏？先來一串習俗！

第一串・額上點雄黃

古代有端午點額的習俗，就是用雄黃酒在兒童的額頭上畫一個「王」字。用意是借雄黃趕跑毒蟲，同時借猛虎來鎮邪。

人文連結

著名的電視劇《新白娘子傳奇》中有一個情節：端午節那天，白蛇精喝雄黃酒後，現出原形。因此，民間流傳這樣一種說法，雄黃酒可破解蛇、蠍、蜈蚣等「五毒」，喝雄黃酒可以驅邪解毒，保健康。

科學連結

雄黃是一種礦物，中醫學上用為解毒、殺蟲藥，性溫、味苦、有毒。外用治療疥癬惡瘡、蛇蟲咬傷等症。內服微量治驚癇、瘡毒等症。雄黃遇熱或煅燒後，會分解成三氧化二砷（俗稱砒霜），毒性很強。所以使用雄黃只能少量。

第二串・雞蛋裏的風俗

（1）吃雞蛋

端午節那天，許多家長會在孩子們胸前掛上裝着雞蛋或鴨蛋的五彩絲線網。吃之前孩子們互相逗樂，尤其是繪蛋、鬥蛋比賽充滿童趣，其樂無窮。

（2）立雞蛋

我國東南部地區，民間傳説在端午節正午12點正，誰第一個將雞蛋立起來，誰就會獲得一年的好運氣。

圓溜溜的雞蛋怎麼能立得起來？

選一個平坦的地方，將雞蛋大頭朝下，加上足夠的耐心，把雞蛋穩穩地立起來，並不太難。還有其他辦法嗎？

如何讓自己的雞蛋「堅如磐石」呢？聽說手的握法很有講究，試試看吧！

各地的孩子們都踴躍參與各種關於「雞蛋」的活動：繪彩蛋比賽，立雞蛋比賽，以及製作各式各樣以雞蛋為材料的紀念品等，加入他們的行列吧！

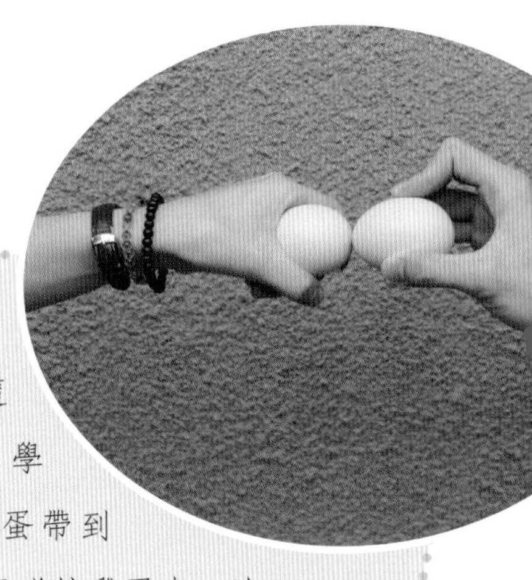

（3）頂雞蛋

端午節這天，會有不少學生把煮熟的雞蛋帶到學校。大家相互碰撞雞蛋來一決高下，記着要小頭對小頭哦。最後完好無損的雞蛋，將被大家封為「雞蛋王」。

第三串・野遊去百病

端午節這天，全家人一起外出遊玩一天，這被稱為「遊百病」，意思是通過這種方式可以把一年中所有的病痛全部趕走。

當你和家人來到山野田間，還可以玩「鬥百草」的傳統遊戲。鬥百草的雙方需各自採摘具有一定韌性的草，然後相互交叉成「十」字狀，用力拉扯，草沒斷的一方為勝。

端午節會「變臉」

端午佳節，父愛無疆
折後再減50元！
心動不如行動

端午節期間天氣又熱又濕，疫病穢濁之氣橫行霸道，人類最易生病。身體需要積累正氣，同時驅除邪氣。

正氣對戰邪氣？聽起來好像武俠小說。

端午節是父親節？ⓧ

又是一年端午節放假，媽媽帶小皮逛商場時，發現滿眼都是父親節的促銷廣告。

小皮：「『温馨端午節，男裝全7折起』『最愛爸爸，心動不如行動』……媽媽，我們這是在過『父親節小長假』嗎？」

媽媽：「不對啊，我算算時間，父親節是陽曆六月的第三個星期天，端午節是農曆五月初五，父親節在端午節的後面，商場現在主打父親節的廣告是想讓商品更好賣吧！」

小皮：「端午節是甚麼節，應該過成甚麼樣呢？」

媽媽：「端午節的含義可比商家打出的廣告含義要豐富深刻得多呢！它又叫端陽節、浴蘭節、女兒節、娃娃節、詩人節等。」

所以端午節不是父親節哦！

端午節是衛生節？✓

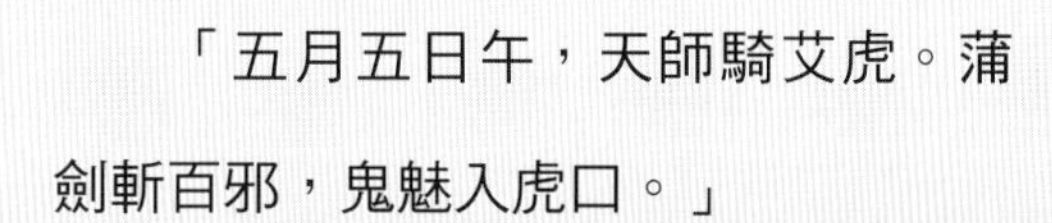

「五月五日午，天師騎艾虎。蒲劍斬百邪，鬼魅入虎口。」

在古代的端午節裏，人們會插菖蒲懸艾草、飲雄黃藥酒、繫五色絲線、掛香袋香包，還會「以蘭湯沐浴」「競採雜藥，以治百病」，這些措施可以幫助古人防病治病，而且還能夠驅邪避害。這些習俗被後人稱為「公共衞生領域的原始防疫」。

用蘭草泡在水裏沐浴，盛取一些中草藥熬水泡澡，可以驅除身上的邪氣。

那麼，「端午節」如何培養正氣、驅避邪氣呢？

簡單地說，一切有形、無形的致病原因都是邪氣。比如細菌、病毒、工作壓力、貪慾等。

端午節還叫甚麼？

《禮記》載，端午源於周代的蓄蘭沐浴。屈原在《楚辭》中寫道：「浴蘭湯兮沐芳華。」西漢戴德所著《大戴禮》認為：「五月五日，乃沐浴日。蓄蘭為沐浴。」蓄蘭沐浴節，有着與其他節日不同的意義，是正氣與邪氣的鬥爭。你準備好驅除邪氣了嗎？

五月又稱蒲月，端午則稱蒲節。蒲月，農作物等萬物生長最旺盛，菖蒲成熟，人們會將菖蒲懸掛在門上，或者剪成老虎的形狀貼在窗戶上，還有的人家會用菖蒲製成藥酒飲用。所以，端午節也是名副其實的菖蒲節哦！

端午節是女兒節？

女兒回娘家

在古代，女兒出嫁後要長住在丈夫家，難得見到自己的父母一面。而每年的端午節是她們回家看望父母的時候，因此，人們又把端午節稱為「女兒節」。陝西、湖北、蘇州、成都的一些地方現在依然把端午節叫作「女兒節」「娃娃節」。

帶娃娃躲端午

有孩子的婦女在端午節帶着自己的孩子回娘家，稱為「躲端午」，為的是讓孩子躲過端午節的邪氣。宋代開始便形成了躲端午的習俗。至今，民間還留存着一個關於端午女媧娘娘保護人間孩子的傳說。

女媧娘娘的愛

相傳很久以前，天上有個瘟神，每年端午的時候，總要溜到人間散播瘟疫害人。瘟疫的受害者多為孩子，輕則發燒厭食，重則臥牀不起。做母親的為此十分心疼，紛紛到女媧娘娘廟燒香磕頭，祈求她消災降福，保佑後代。

女媧得知此事，就去找瘟神說：「今後凡是我的嫡親孩兒，決不准許你傷害。」瘟神知道女媧法力無邊，不敢和她作對，於是就問：「不知娘娘在人間有幾個嫡親孩兒？」

女媧一笑說：「我的孩兒很多，這樣吧，我在每年端午這天，命我的嫡親孩兒在衣襟前掛上一隻蛋袋，凡是掛有蛋袋的孩兒，都不准許你胡來。」這年端午，瘟神又下界，只見孩子們胸前都掛着一個小網袋，裏面裝着煮熟的鹹蛋。瘟神以為這都是女媧的孩子，所以就不敢動手了。

▲端午節重視婦女兒童的健康、安全，所以又稱為「女兒節」和「娃娃節」，滿滿的都是愛。

端午節是詩人節？ 

路漫漫其修遠兮，吾將上下而求索。——屈原《離騷》

每到端午節，文人墨客會不由自主地想起屈原。尤其對於詩人來說，端午是一個特別能激發他們情懷的日子……

表夏十首（其十）
［唐］元稹
靈均死波後，是節常浴蘭。
彩縷碧筠粽，香粳白玉團。
逝者良自苦，今人反為歡。
哀哉徇名士，沒命求所難。
屈原塔
［宋］蘇軾
楚人悲屈原，千載意未歇。
精魂飄何處，父老空哽咽。
至今滄江上，投飯救飢渴。
遺風成競渡，哀叫楚山裂。
端午即事
［宋］文天祥
五月五日午，贈我一枝艾。
故人不可見，新知萬里外。
丹心照夙昔，鬢髮日已改。
我欲從靈均，三湘隔遼海。

詩人節

1941 年，郭沫若發出倡議：從這一年開始，將農曆五月初五端午節定為紀念屈原的「詩人節」。大家積極響應，認為利用這種形式既可紀念偉大詩人屈原，又能宣傳抗日救國的主張，無疑是一大良策。當年的端午節，重慶文藝界人士就在成都舉行了紀念屈原的首屆詩人節慶祝大會，郭沫若在致辭中說：「端午節與五卅紀念湊合在一天，是有深遠意義的，作為中華民族的詩人，中華民族的戰士，我們要效仿屈原的精神，使一草一木都成為表現民族氣節的題材！」這就是詩人節的來歷。

龍舟三

故事代代傳

端午節，人們年年樂此不疲地重複着吃粽子、賽龍舟等習俗活動，這是為甚麼呢？原來，這些習俗都源於端午節古老的傳說。

端午節的來歷可謂千年的謎團，你知道端午節的真正由來嗎？

江邊的辯論

江源頭：龍圖騰祭

辯詞：《漢書·地理志》記載：「（越人）文身斷髮，以避蛟龍之害。」這是關於古代吳越民族的風俗記載。已出土的陶器上的幾何紋飾和歷史傳說也能證明吳越族的存在。聞一多先生就認為，端午節是吳越民族祭祀圖騰（龍）的節日。

江這邊：伍子胥自刎

辯詞：《荊州歲時記》轉述，春秋時吳國忠臣伍子胥含冤而死之後，化為濤神，世人哀而祭之，故有端午節。春秋時期（公元前 770 年—公元前 476 年），吳王夫差聽信讒言，不信忠臣。伍子胥對周圍的人說：「我死後，請將我的眼睛挖出懸掛在吳京之東門上，用以看越國軍隊入城滅吳。」隨後他就自刎而死。吳王夫差知道後大怒，命人將伍子胥的屍體裝在皮革裏，於農曆五月五日投入大江。今天江浙一帶的人將端午節作為紀念伍子胥之日。

江那邊：屈原投江

辯詞：《續齊諧記》記載，屈原在農曆五月初五投汨羅江而死，楚人哀之，每逢此日，以竹筒盛米，投江祭之。公元前 278 年，被流放的屈原不忍見祖國被侵犯，投汨羅江而死。楚人為了不讓魚吞噬屈原的遺體，於是在江中投入粽子；又為了打撈屈原的遺體，出動了許多船隻。據說，這就是端午節包粽子和賽龍舟習俗的起源。

江下游：孝女曹娥尋父

辯詞：據《會稽典錄》一書記載，端午是為紀念尋父投江而死的曹娥。東漢（25—220）年間，曹娥為了尋找溺亡江中的父親，在農曆五月五日投江，五天後抱出父屍。孝女曹娥之墓，如今在浙江紹興。後人為紀念曹娥的孝節，在曹娥投江之處興建曹娥廟。她所居住的村鎮改名為曹娥鎮，曹娥殉父之江定名為曹娥江。

端午英雄紀念碑

無論如何，屈原始終是人們記憶最深刻的端午英雄。除此以外，「端午英雄紀念碑」上還有許多其他人物。看一看他們的事跡，你能不能找出他們身上和屈原相同的特點？究竟是甚麼原因讓這些英雄們的故事代代相傳？

東漢時期蔡邕《琴操》中記載，端午節是為紀念先賢介子推的。

宋代高承《事物紀原》刊文，端午源於春秋時期，越王勾踐於五月初五檢閱操練水軍。

民間有一傳說認為，端午源於湖北沔陽沙湖，曾有四位豪傑專門劫富濟貧，後來遭到當地官兵的突襲而受到圍困，他們於五月初五投江而亡。

雲南居住的傣族人民過端午是為了紀念傣族古代英雄岩紅窩。

貴州黔東南地區，在端午節這天，紀念一位捨生殺毒龍的老人。

詩人秋瑾：秋瑾號「鑑湖女俠」，浙江紹興人。28歲時參加革命，在策劃起義時被清兵逮捕，至死不屈。於光緒三十三年（1907）六月五日，在紹興軒亭口英勇就義。後人十分敬仰她的詩，為哀悼她的英勇事跡，於是選擇在端午節時紀念她。

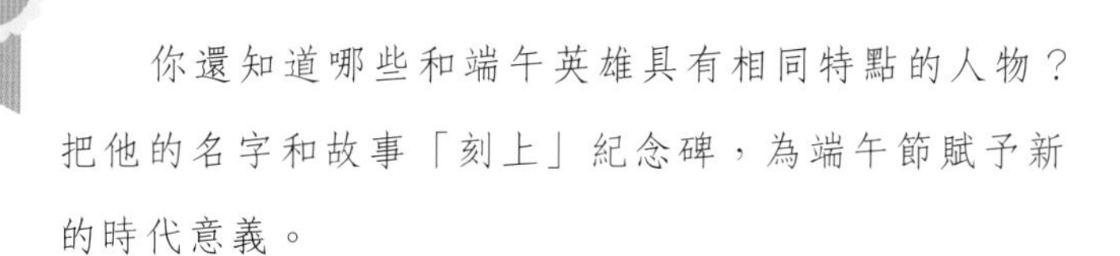

你還知道哪些和端午英雄具有相同特點的人物？把他的名字和故事「刻上」紀念碑，為端午節賦予新的時代意義。

端午是怎麼煉成的

請你對端午節由來的傳說，投出寶貴的一票，在方框裏打「✓」。

投票單

1	2	3	4	5
				?
屈原投江	伍子胥自刎	龍圖騰祭	曹娥尋父	其他

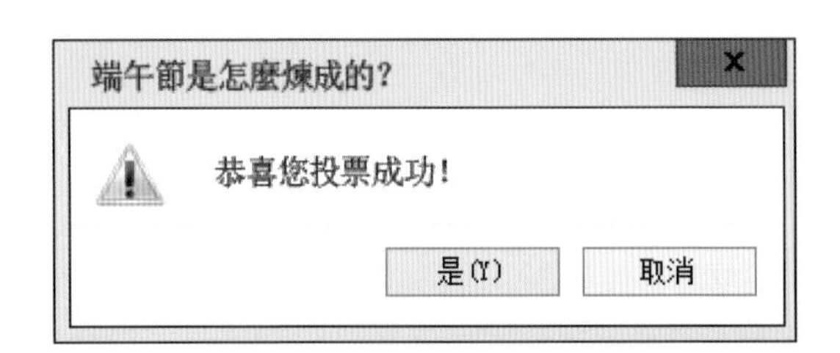

CCTV 1
綜合
19:02:22
2009年，湖北省代表中國「端午申遺」成功。這是中國傳統節日首次躋身世界《人類非物質文化遺產代表作名錄》。
新聞聯播

端午節煉丹爐

中國傳統節日首次躋身世界「非遺」名錄，你的投票功不可沒，但端午節煉成「非物質文化遺產」絕非一家之力！你知道申請非物質文化遺產需要準備哪些材料嗎？請查看材料袋，檢查煉成端午節「申遺」所需的材料是否準備好，我們一起看「端午節」是怎樣煉成的。

「申遺」需要的材料包 1

端午節「申遺」的申請材料明細清單：

1. 口頭傳說。(　　)
2. 表演藝術。(　　)
3. 社會實踐、禮儀、節慶活動。(　　)
4. 有關自然界和宇宙的知識和實踐。(　　)
5. 傳統手工藝。(　　)

「申遺」需要的材料包 2

申請「非遺」的中國端午節節俗：

1. 湖北秭歸縣的「屈原故里端午習俗」。
2. 湖北黃石市的「西塞神舟會」。
3. 湖南汨羅市的「汨羅江畔端午習俗」。
4. 江蘇蘇州市的「蘇州端午習俗」。

「申遺」需要的材料包 3

「端午節的煉成」以中華大地為爐鼎，四地民俗傳說為丹砂，陰陽五行方術為底色，屈原的愛國精神為三昧真火，避毒蟲免疫災為修煉宗旨，百煉成「丹」，東南西北交匯，最終修煉成功，成為歷久彌新的傳統佳節。

端午節是怎麼煉成的?

端午節申請「世界非物質文化遺產」成功!

OK

誰端走了我的端午？

端午風波

端午節＝端午祭？

關於中國端午節的「申遺」，還有一件讓許多國人難受的事情。事情是這樣的：

巴黎時間 2005 年 11 月 24 日，由韓國申報的「江陵端午祭」被聯合國教科文組織正式確定為「人類口頭和非物質文化遺產」。與此同時，「端午節 .CN」的中文域名於 2005 年 10 月 13 日被韓國企業搶先註冊。難道中國人過了幾千年的端午節，竟然真的被韓國人給「端」走了？

消息傳來，我們的心裏五味雜陳

在我們的腦海裏，端午節是地地道道的中國傳統節日，如今卻成為別人的遺產？

然而，韓國以「江陵端午祭」的名義申遺成功，已是事實。回想起中國的某些傳統民俗或文化遺產被別國搶先申報的例子，還真的不少。流行於內蒙古的馬頭琴，2004 年已經被蒙古國成功申報為該國的非物質文化遺產；而在中國家喻戶曉的皮影戲，2003 年卻被印度尼西亞申請為該國的文化遺產……

對此，我們怎麼不擔心！我們開始了反思……

韓國為甚麼能申遺成功？

我們的端午節為甚麼會「遺失」？

節日	中國端午節	韓國端午祭
節日時間		
節日人物		
節日食物		
節日習俗		

韓國江陵端午祭檔案

時間：農曆四月五日至五月五日

主題：祭祀，祈願豐年、富有與健康。

活動過程：江陵端午祭從農曆四月五日釀製神酒開始，持續一個月。經歷大關嶺山神祭、大關嶺國師城隍祭、迎神祭、神通大路街道遊戲、端午巫俗表演、官奴假面劇、送神祭一套完整的過程。

端午祭習俗：主要活動由舞蹈、祭祀、遊藝、民間藝術展示、用菖蒲水洗頭等內容構成。在農村，全村人會跪在村口大樹前祈求家庭和睦、健康平安，一起祭拜自己村子的保護神。民眾娛樂有假面舞會、農樂競賽、歌謠、拔河、摔跤、盪鞦韆、投壺等方面內容。

端午祭食物：糯米香味的艾子糕。

申遺過程：

- 1940 年至 1950 年韓國走向現代化，1960 年韓國經濟開始起飛。
- 1960 年韓國中央大學任東權教授向韓國文化觀光部申請確認端午節為「重要無形文化遺產」的提案。
- 1967 年這項提案正式通過，成為韓國第 13 號「重要無形文化遺產」。
- 2005 年聯合國選定 43 個為「人類傳說及無形遺產著作」，其中包括韓國申請的「江陵端午祭」，主神是大關嶺城隍爺，所以又稱為「江陵端午城隍祭」，並於 11 月 24 日正式確定韓國申報的江陵端午祭為「人類口頭和非物質文化遺產」。

註：聯合國教科文組織從 2001 年開始，每兩年開一次會，宣佈一批世界非物質文化遺產名單。

遲到的「申遺」

2008 年我國正式規定端午節為法定假日。2009 年 9 月，在阿聯酋召開的聯合國教科文組織保護非物質文化遺產政府間委員會第四次會議上，中國的端午節被審議並批准列入《人類非物質文化遺產代表作名錄》。

至此，端午節成為中國首個成功入選非物質文化遺產的傳統節日。

我們知道，這一切才剛剛開始！

端午的「世界時」

當端午文化逐漸傳播到世界各地，當華人身處異鄉依然能夠感受到端午節的中國味道時，我們便知道，端午節已開始從「中國的」慢慢變成「世界的」了。

今天，世界上很多國家都在過端午節，即便不過端午節也會吃粽子、划龍舟。端午節，儼然已經成為世界的端午，成為中國文化裏「和而不同」觀念的最好代言人。

韓國：韓國成功地結合自己的民族特色，推陳出新了自己的「端午祭」，端午習俗豐富而充實。在過去，韓國人家家戶戶都會在端午節當天擺上艾草和艾子糕，會用艾餅和松皮餅祭奠祖先，人們還會穿上傳統服裝參加祭祀，觀看盪秋千和摔跤比賽。不過現在的韓國人淡化了很多端午節俗，只有在江陵地區還依然有豐富的端午祭活動。

越南：越南也是在農曆五月初五過端午節。越南的端午節很隆重，除了吃粽子、驅蟲外，父母會給孩子們準備很多水果，身上戴五彩線編織的吉祥符，大人們會飲雄黃酒，還會有一些祭祖、划龍船等活動。越南人認為，吃粽子可以求得風調雨順、五穀豐登。在越南，粽子是用芭蕉葉包裹的，有圓形和方形兩種，圓形的代表天，方形的代表地，蘊含了樸素精妙的中國傳統哲學思想。

新加坡：新加坡的端午節以華人為主。每當農曆五月初五，人們總不忘吃粽子和賽龍舟。端午節前後，新加坡的東海岸公園會舉行精彩的龍舟邀請賽，來自世界各地的龍舟隊伍雲集於此，一較高低。

歐美的一些國家雖然不過端午節，但是他們熱衷於我們的端午習俗——賽龍舟。

賽龍舟成為美國、俄羅斯、德國等國家每年的例行活動。他們竟然喜愛龍舟喜愛到將中國的端午節叫作「 Dragon Boat Festival」，端午節成了名副其實的「龍舟節」！

日本：端午節與當地文化融合，成為富有日本民族特色的「男孩節」。這一天，有男孩的家裏會掛出鯉魚幡，希望男孩子像鯉魚一樣茁壯成長，他們會豎起鯉魚旗，擺上武士偶像、盔甲和戰帽。日本人在這一天不划龍舟，但會吃粽子，並在門前掛出菖蒲草或把菖蒲草放入水中洗澡。

此外，泰國、緬甸、老撾、馬來西亞、印度尼西亞等亞洲國家也過端午節。

龍舟追來了

中國：賽龍舟這一習俗目前在 15 個省區內流行，其中福建、江西、廣東、廣西、台灣等與之有關的就有 100 種賽龍舟形式。「汨羅江國際龍舟節」作為古典龍舟賽代表蜚聲海外。2010 年的廣州亞運會上，賽龍舟被列為正式的比賽項目。香港是現代國際龍舟競賽的發源地，並為世界各地所認同。

▼美國龍舟節

美國：從 1979 年開始，在波士頓兒童博物館舉行一年一度的波士頓龍舟會。從舊金山，紐約到沿密西西比河周圍的很多地方，共有四百餘支龍舟隊。

▼俄羅斯龍舟節

俄羅斯：每當中國端午節前夕，別開生面的比賽——端午龍舟大賽就會在俄羅斯拉開序幕，給人們帶來無窮歡樂。

龍舟找影子

下面哪個是龍舟真正的影子呢

◀中國的龍舟已經走向世界，將龍舟賽列入奧運會正式比賽項目是我們的希望。

◀德國龍舟節

德國：1989 年，龍舟活動傳入德國，並在漢堡舉辦了首屆龍舟節，競賽就設在市中心的萊茵河上。

加拿大：「多倫多國際龍舟大賽」經歷了二十多年的發展，成為當前世界上規模最大的國際龍舟賽事。每逢中國端午節期間，多倫多的中央島便拉開龍舟競渡帷幕，吸引着數以萬計的遊客前來觀賞。

我的家在中國・節日之旅②

龍舟競渡 粽飄香 端午節

檀傳寶◎主編　李敏◎編著

責任編輯：余雲嬌
裝幀設計：龐雅美
排　　版：時　潔
印　　務：劉漢舉

出版 / 中華教育
香港北角英皇道 499 號北角工業大廈 1 樓 B
電話：（852）2137 2338
傳真：（852）2713 8202
電子郵件：info@chunghwabook.com.hk
網址：https://www.chunghwabook.com.hk/

發行 / 香港聯合書刊物流有限公司
香港新界荃灣德士古道 220-248 號
荃灣工業中心 16 樓
電話：（852）2150 2100
傳真：（852）2407 3062
電子郵件：info@suplogistics.com.hk

印刷 / 美雅印刷製本有限公司
香港觀塘榮業街 6 號
海濱工業大廈 4 樓 A 室

版次 / 2021 年 3 月第 1 版第 1 次印刷

規格 / 16 開（265 mm x 210 mm）

本書繁體中文版本由廣東教育出版社有限公司授權中華書局（香港）有限公司在香港特別行政區獨家出版、發行。